Oetinger

Originalausgabe

1. Auflage 2012

© Verlag Friedrich Oetinger, Hamburg 2012

Alle Rechte aus dieser Auflage vorbehalten

© Text: Lena Ullrich

© Umschlag und Illustrationen: Reinhard Blumenschein

Druck und Bindung: GGP Media GmbH, Pößneck

Dieses Buch wurde auf FSC-zertifiziertem Papier gedruckt.
FSC (Forest Stewardship Council®) ist eine nicht staatliche,
gemeinnützige Organisation, die sich für eine ökologische
und sozialverantwortliche Nutzung unserer Wälder einsetzt.

Printed 2012

978-3-7891-8499-4

www.oetinger.de

Lena Ullrich · Reinhard Blumenschein

PLING

Erfindungen, die das

Leben erleichtern

Verlag Friedrich Oetinger · Hamburg

INHALT

00
VORWORT

Früher war alles besser? Von wegen! In der Antike kauten die Römer stinkige Mauseköttel gegen Karies. Was ein richtiger Cowboy war, der brühte seinen Kaffee in einer käsigen Socke auf. Die ersten Siedler Amerikas zuckelten mit einem gackernden Wisch-und-Weg-Huhn aufs Klo. Und die Wikinger sammelten schaurige Totenschädel wie andere Leute Porzellan.

Zum Glück kamen erfinderische Hausfrauen, Geschäftsmänner und Wissenschaftler immer wieder – pling! – auf rettende Ideen: Teils durch Zufall, teils durch Tüftelei entwickelten die schlauen Köpfe im Laufe der Geschichte so nützliche Helfer wie Zahnpasta, Kaffeefilter, Klopapier, Schnuller und Trinkgläser. Und die sind heute aus keinem Haushalt mehr wegzudenken!

Rund um die praktischen kleinen Dinge des Alltags erwarten dich in diesem Buch die merkwürdigsten Bräuche und Erfindergeschichten – zum Schütteln und Schaudern!

01

VOM SCHUTZPOLIZISTEN ZUR AMPEL

Brrrm! Ein Geschoss aus zerbeultem Metall und heißem Gummi rast durch die Straßen von Gotham City. Batman, dieser furiose Flattermann, will wohl mal kurz zum Einkaufen. Doch oh Schreck: An der nächsten Kreuzung reckt ein Schutzpolizist die Kelle! Das lebendige Ampelmännchen versperrt dem Superhelden den Weg. Reifen quietschen. Radkappen fliegen. – Aus die Maus!

So ein Wirrwarr! Anfang des 20. Jahrhunderts knatterten bereits zu Tausenden motorisierte Blechkarren durch die Städte. Zusammen mit Pferdekutschen und Fußgängern verstopften sie die Kreuzungen. Die wichtigste Verkehrsregel: „Siehst du vom Schutzmann Brust oder Rücken, musst du auf die Bremse drücken!" So standen im Jahr 1910 allein am Potsdamer Platz elf Polizisten auf Podesten und trillerten auf ihren Pfeifen. Zum Glück sah der Amerikaner William Potts im Jahr 1919 rot. Er konstruierte eine automatische Ampel mit dreifarbigem Lichtsignal. Die ragte wie ein Leuchtturm mitten auf der Straße in die Luft. Schlechte Zeiten für Falschfahrer: Denn im Ausguck hockten die Polizisten und notierten ihre Kennzeichen!

02

VOM WASCHZUBER ZUR BADEWANNE

Immer derselbe alte Hut: Michel, dieser Bengel aus Lönneberga, steckt mit dem Kopf – na, wo wohl? – in einer tropfenden Suppenschüssel. Haare waschen dringend nötig! Kurzerhand wird der kleine Stinker zu seiner Schwester in den Waschzuber gesteckt. Pech für Klein-Ida! Wieder mal muss sie Michels Unfug ausbaden ...

Brrr! In Europa teilte sich früher die ganze Familie der Reihe nach ihr Badewasser. Große Schmutzfüße kamen zuerst dran. Da blieb für die Kleinen nur eine eklige Brühe übrig! Noch im Jahr 1930 gab es in drei von vier Wohnungen in Deutschland kein eigenes Bad. Das Wasser musste daher in riesigen Töpfen auf dem Herd erwärmt und in den Waschzuber gekippt werden. Auweia! Aber immer noch besser, als eine öffentliche Badeanstalt zu besuchen. Mit etwas Glück besaßen die Mieter eines Hauses eine gemeinschaftliche Waschkammer. Dort stand meist eine komfortablere Kupferwanne mit eingebautem Holzofen. Doch egal ob Wanne oder Zuber: Noch bis in die 50er-Jahre wurde nach einem strengen Zeitplan geplanscht. Dann brachte der Durchlauferhitzer endlich fließend warmes Wasser bis in die hinterletzten Buden.

03

VOM BADEKOSTÜM ZUM BIKINI

„Das Leben ist kein Planschbecken", seufzt Arielle. Und – schwups – lässt die kleine Meerjungfrau die Schuppen fallen. Vorbei die Zeiten, als sie mit Delfinen um die Wette geschwommen ist: Ganz die feine Dame, dümpelt Arielle mit Schlappen, Pumphose, Kleid und Kappe im Wasser. – Blubb, blubb, bloß keine Haut zeigen!

Nach der Etikette des 19. Jahrhunderts mussten Badekostüme blickdicht sein. Wer was auf sich hielt, wogte in gewöhnlichen Kleidern aus Wolle im Wasser. Derartige Keuschheit versenkte leider so manche Dame auf den Meeresgrund: Schließlich ist nasse Baumwolle ein schwerer Klotz am Bein. Noch dazu konnten die meisten Badenixen nicht schwimmen. So wagten sie sich nur knietief ins kühle Nass. Jahrzehntelang kämpften Frauen für jede freie Körperpartie. Während im Jahr 1932 in Deutschland noch Gesetze gegen tief ausgeschnittene Badeanzüge gemacht wurden, brachte der Franzose Louis Réard 14 Jahre später den Bikini groß raus. Ein Hauch von Nichts aus Nylon? Die Wellen der Empörung schlugen hoch! Aber der Bikini war nicht unterzukriegen. Weniger ist eben doch mehr!

04

VOM GEBET ZUM BLITZABLEITER

„Elende Erdlinge", grollt Zeus. Mit ihren räuchern-
den Opferfeuern verpesten die Griechen den ganzen
Olymp! Mies gelaunt schwingt sich der Gewittergott
auf sein Wolkenpferd. Auweia! Das gibt bestimmt ein
Donnerwetter ...

„Alles Gute kommt von oben" – von wegen! Zumin-
dest bei den alten Griechen galten Blitze als gerechte
göttliche Strafe. Und auch die Christen wagten lange
Zeit nicht, ihrem Allmächtigen dazwischenzufun-
ken. So empfahl das „Große Vollständige Universal-
Lexikon" noch im Jahr 1734, bei Gewitter laut zu be-
ten. Heute weiß man: Wenn der Himmel grollt, ist es
klüger, sich auf den Boden zu hocken. Blitze schla-
gen nämlich stets in den höchsten Punkt einer Umgebung ein. Das bewies der Amerikaner Benjamin
Franklin, indem er im Jahr 1752 bei Gewitter einen
Drachen steigen ließ. Ganz schön riskant! Doch wie
sich zeigte, entlädt sich in Blitzen nicht der Zorn der
Götter, sondern die elektrische Ladung einer Wolke.
Und die lässt sich von Gebäuden ganz einfach umlei-
ten: nämlich mit einer hohen Eisenstange, die über
einen Draht zur Erde führt. So fängt der Blitzableiter
allen Ärger ab!

05

VOM BOTEN ZUR BRIEFPOST

„Wer rastet, der rostet", denkt sich Nullkommanix. Und wie aus der Pistole geschossen knallt der verrückte Kurier über Stock und Stein. Zwischendurch ein Schlückchen Zaubertrank, und – zack! – geht's weiter. Doch das Doping hätte sich der Gallier sparen können: Als er ankommt, ist der Empfänger längst verzogen!

Von wegen unbesiegbare Gallier! Auch ohne Zaubertrank waren die Römer, diese Sportskanonen, in der Antike die schnellsten Kuriere. Der Trick: Überall in Cäsars Reich sprossen Poststationen aus dem Boden. Wie beim Staffellauf löste dort ein berittener Bote den anderen ab. Überflügelt wurden die rasenden Römer nur von Brieftauben: Die Flitzpiepen lieferten in Vorderasien und China die Post aus. In Europa dagegen war plötzlich Sendepause: Seit dem Untergang Roms schickten nur noch Könige, Klöster und Kaufleute ihre eigenen Kuriere ins Rennen. Wer sonst noch was zu sagen hatte, war auf fahrende Gesellen angewiesen. Bis der Habsburger Janetto von Taxis im Jahr 1490 den Staub von den römischen Poststationen pustete. Seitdem geht auf dem ganzen Erdball regelmäßig und für jedermann die Post ab!

06

VON DER KLINGE ZUM DOSENÖFFNER

„Mich kriegt ihr nicht!", ruft der Königsberger Klops. Wenn er sich da mal nicht täuscht! Captain Hook und seinen Mannen kommt der kleine Happen nämlich gerade recht. Sogleich geht's ans Eingemachte: Mit gezückten Messern stürzen sich die Piraten auf die Konserve. Blech und Stahl kreuzen die Klingen. Doch heute bleibt die Kombüse kalt …

Igitt! Bis ins Jahr 1810 stand auf dem Speiseplan der englischen Soldaten nur trockenes Brot, gammeliges Fleisch und welkes Gemüse. Doch dann befüllte der Kaufmann Peter Durand schwere Blechkanister mit allerlei Essbarem, schloss sie luftdicht ab und erhitzte sie auf über hundert Grad Celsius. Endlich Schluss mit Schimmel! So startete der Siegeszug der Konserven auf Kriegsfeldern und nicht in Küchen. Nur die Erfindung des Dosenöffners ließ noch auf sich warten: Ein halbes Jahrhundert lang mussten die Soldaten ihre gedeckelte Kost mit blanken Klingen knacken. Zum Glück konstruierte der Brite Robert Yeates im Jahr 1858 endlich einen kleinen, krummsäbeligen Dosenöffner. Und kurz darauf kullerten die ersten Konserven aus den Fabriken in die Küchen!

07

Gretel, diese gefräßige Göre! Nacht für Nacht klettert die kleine Germanin auf die Hütten ihrer Nachbarn und nagt am Gebälk. Knackend wandern die Kiefernzweige wanstwärts. „Wer knuspert an unseren Häuschen?", rufen die erschrockenen Waldweiblein. – Tja! Hätten ihre dunklen Bruchbuden einen Ausguck, dann wüssten sie es ...

Was für zugige Löcher! Statt Fenster besaßen die Hütten der alten Germanen nur ein sogenanntes Windauge im Dachgiebel. Immerhin fiel durch die Luke ein wenig Licht in die lehmverklebten Behausungen. Auf umgekehrtem Weg konnte der Rauch der offenen Feuerstellen daraus entfleuchen. Und auch der bestialische Gestank: Teilten sich die Germanen doch ihre vier Wände mit einer Menge Vieh. In den Villen reicher Römer dagegen gab es bereits seit dem ersten Jahrhundert Glasfenster. Aber die durchsichtigen Scheiben bereiteten den Menschen noch lange Kopfzerbrechen: Bis ins 17. Jahrhundert ließen sich Fenster nur aus kleinen Mosaiken zusammenstückeln. Zum Glück wurden im Jahr 1688 in Frankreich die ersten Glasplatten ausgewalzt. Und siehe da: Endlich wurde es Licht!

08

VOM STAUBSAUGER ZUM FÖN

„Einmal waschen, schneiden, saugen?" Daniel Düsentrieb, diese furiose Erfinderente, versucht sich neuerdings als Friseur. Betreten seines Salons auf eigene Gefahr: Hier wird der Lötkolben zum Lockenwickler, das Motoröl zum Shampoo und der Staubsauger zum Haartrockner. – Was für ein Wirrkopf!

Kaum zu glauben: Im Jahr 1890 funktionierte der Friseur Alexandre Godefoy wirklich einen Staubsauger zum Haartrockner um. Klingt abwegig, ist es aber nicht: Schließlich wirbelt das Gebläse des Saugers kalte Luft herum und gibt sie warm wieder an die Umgebung ab. Der schlürfende Schlauch blieb dabei natürlich den Köpfen fern. Doch Godefoys Kunden standen auch so die Haare zu Berge: Sein Trockner glich nämlich einem knatternden Ungetüm. Erst 20 Jahre später entwickelte die Firma AEG das erste tragbare Modell, kurz Fön genannt. Leider wog das tückische Ding noch immer zwei Kilogramm, und aus seinen Düsen flogen die Funken. So hieß es also weitertüfteln. Mit leichten Kunststoffen und kleinen technischen Tricks bekam man den Fön bald in den Griff. Und seitdem machen nasse Haare eine Sause!

09

Goethe spitzt den Gänsekiel: „Die Tinte macht uns wohl gelehrt", kleckst der Reimkönig. „Doch ärgert sie, wo sie nicht hingehört." – Da sieht man's wieder: Nicht mal Deutschlands Vorzeigedichter können sauber schreiben!

Was für ein Geschmiere! Anfang des 19. Jahrhunderts tunkten die Menschen in Deutschland noch immer ihre Gänsefeder ins Tintenfass. Genau wie die alten Römer! Zwar hatte der Aachener Tüftler Johannes Janssen im Jahr 1748 eine stählerne Schreibfeder erfunden. Und die wurde sogar 80 Jahre später in England zum Massenprodukt. Doch egal ob Gans oder Stahl: Das Problem der Sprenkel auf dem Papier blieb dasselbe! Und auch aus dem Tank der ersten Füllfederhalter tropfte im 19. Jahrhundert noch Tinte. So versaute ein schwarzer Klecks dem Vertreter Lewis Waterman im Jahr 1883 einen wichtigen Vertrag. Zum Glück! Denn wenig später meldete der verärgerte Amerikaner ein Patent auf den tropfsicheren Füllfederhalter an! Der Kniff: Ein Unterdrucksystem steuert den Fluss der Tinte von der Patrone durch mehrere Röhrchen in die Federspitze. Endlich Schluss mit dem Gekleckse!

10

VOM FINGER ZUR GABEL

König Midas, dieser Gierschlund! Mit knurrendem Magen hockt der alte Grieche nun schon seit Tagen vor einem Teller Metallgyros rum. Selbst schuld: Warum musste sich der Raffzahn auch von den Göttern wünschen, dass alles zu Gold wird, was er befingert!? Keine gute Gabe ohne Gabel!

Vorsicht, heiß und fettig! Zwar brutzelte in der Steinzeit schon manch saftiger Mammutbraten an einer Astgabel über dem Feuer. Und in der Antike gab es bereits die ersten gezinkten Küchengeräte aus Metall. Aber auf den Geschmack der Gabel kamen die Europäer erst viel später. So langten die alten Römer noch genau wie die Höhlenhocker bei Tisch mit den bloßen Fingern zu. Mjam!

Die Kirchenväter im Mittelalter hielten den kleinen Dreizack wiederum sogar für gefährliches Teufelswerkzeug: Wozu hatte Gott dem Menschen schließlich zwei Hände gegeben?! Erst im späten 17. Jahrhundert wurden die feinen Herrschaften plötzlich spießig: Wer was auf sich hielt, stocherte mit kunstvoll verzierten Gäbelchen gelangweilt in seinem Essen herum. Und einmal auf dem Tisch, war die Gabel 100 Jahre später in aller Munde!

11

VOM FLUSS ZUM GESCHIRRSPÜLER

Die sieben Urzeitzwerge motzen mal wieder, was das Zeug hält: „Wer hat aus meinem Saurierschädelchen gegessen?" – „Wer hat mit meinem Faustkeilchen geschnitten?" – „Wer hat aus meinem Mammuthörnchen getrunken?" Immer das gleiche Trara: Dabei haben die Krawallbrüder nur nicht gründlich genug abgewaschen! Also – zack, zack – zurück zum Fluss!

Brrr! Die Steinzeitmenschen mussten ihre schmutzigen Töpfe in kaltes Flusswasser tunken. Kein Wunder, dass sie es mit dem Abwasch nicht so genau nahmen! Einfacher machten es sich die Menschen im Mittelalter: Sie würgten ihr Essen mitsamt „Teller" runter! Der bestand nämlich nur aus einer dicken Scheibe Brot. Selbst in vornehmen Kreisen wurde Geschirr gespart: Meist teilte man zu zweit ein Gedeck. Die wenigen schmutzigen Teller wurden mit Sand abgewischt. Bis im 18. Jahrhundert der Siegeszug der Seife begann. Doch leider ging in den ersten klapprigen Spültischen haufenweise Porzellan zu Bruch. Grund genug für Josephine Cochrane, im Jahr 1887 die mechanische Spülmaschine zu erfinden. Selbst abgewaschen hat die reiche Amerikanerin aber nie!

12

VON DER FACKEL ZUR GLÜHBIRNE

„Keine Lust mehr", mault das kleine Schreckgespenst. So schaurig es auch mit Ketten rasselt und Köpfen kegelt – aus den Betten der Burgfräulein dringt nur unterdrücktes Gekicher. Beleidigt bläht der Spuk die Backen und bringt – hui buh – die Fackeln zum Flackern. Wirkt immer!

Gruseliges Mittelalter: Nachts ließen brennende Fackeln in den Burgen die Schatten tanzen. Beim geringsten Windzug stand das ganze Gemäuer in Flammen! Dabei hatten die Menschen das Feuer längst gebändigt: durch einen einfachen Docht. Bereits seit dem 18. Jahrhundert v. Chr. steckte er in den ersten Öllampen. Leider kroch aus ihnen dicker schwarzer Qualm hervor. Bis der Schweizer Aimé Argand im Jahr 1780 den Runddocht erfand. Durch eine verbesserte Luftzufuhr ließ sich das Öl bei starker Hitze sauber verbrennen. Doch fünf Jahre später stellte die Gaslampe des Niederländers Johannes Minckeleers alle bisherigen Lichtquellen in den Schatten. Ihr wurde erst im Jahr 1879 durch den Siegeszug der Elektrizität das Licht ausgeknipst. Seitdem macht die Glühbirne des Amerikaners Thomas Edison die Nacht zum Tag.

13

VOM LATEXSAFT ZUM GUMMISTIEFEL

„Hunak", spricht die Frau Mama. „Ich geh aus, und du bleibst da." – Denkste! Kaum ist die Alte weg, tunkt der kleine Maya seine Füße in Kautschuksaft. Und – platsch – mitten hinein in die Pfützen! Pech, dass die Stapfen der aufgemalten Gummistiefel kaum zu übersehen sind – schon gar nicht für mütterliche Spürhunde!

Mit Kautschuk trockenen Fußes durch den Matsch? Ein kurzes Vergnügen! Bei Kälte wird der Saft des Kautschukbaums nämlich bröckelig, und in der Sonne zerrinnt die milchige Flüssigkeit. Kein Wunder also, dass die Maya ihre bloßen Füße in Kautschuk tunkten: Schließlich waren die praktischen weißen „Socken" ruck, zuck wieder runter! Übersetzt bedeutet Kautschuk übrigens „weinendes Gehölz". Und wirklich: Ritzt man seine Rinde an, bricht der Baum in Tränen aus. Der bis zu 40 Meter hohe Heuler kümmerte die Europäer allerdings lange Zeit kaum. Bis der Amerikaner Charles Goodyear im Jahr 1839 Kautschuk mit Schwefel und Blei zu zähem Gummi verarbeitete. Sein Landsmann Hiram Hutchinson formte daraus 13 Jahre später den ersten Stiefel. Seitdem heißt es bei Regen: Gib Gummi!

14

VON DER FEUERSTELLE ZUM HERD

Was für eine eklige Fast-Food-Kette! In der Steinzeit ist Mac Spencer allen lieben Leuten – von A bis Z, von eins bis hundert, von Norden bis Süden – für seine miese Küche bekannt! Schließlich stehen die Saurier-Burger, Einzeller-Nuggets und Mammut-Wraps nur in zwei Garstufen auf der Karte: roh oder im offenen Feuer verkohlt. – „Brrr-u-häää, ich will nichts!", ruft da sogar der verfressene Jungdrache Poldi.

Exquisite Steinzeitküche? Von wegen! In den offenen Flammen der Feuergruben wurde aus einem krossen Braten schnell ein ekliger Klumpen Kohle. Zum Glück kamen vor 18 000 Jahren Tontöpfe und Kupferkessel in Umlauf. Doch noch lange qualmten und rußten in den Küchen offene Flammen. Erst im Jahr 1735 erfand der Franzose François de Cuvillés einen Steinofen mit Brennkammer und Heizplatte. Knapp 70 Jahre später „schnippte" der Österreicher Zachäus Winzler den Gasherd an, gefolgt von dem Elektroherd des Amerikaners George Simpson aus dem Jahr 1893. Doch die teuren neumodischen Küchenhelfer ließen die Hausfrauen zunächst kalt. Bis im 20. Jahrhundert Gas und Strom auch die letzten Kochtöpfe eroberten!

15

VON DER SOCKE ZUM KAFFEEFILTER

Klar, dass Lucky Luke den Colt schneller zieht als sein Schatten! Der Angeber steckt doch bis unter die Hutkrempe voll Koffein. Täglich spült er drei riesige Kannen Cowboykaffee runter. Aufgebrüht in einer ausgelatschten Socke. Igitt! Ist der Trunk fertig, hat er dieselbe Farbe wie Luckys Schmutzfüße. Gluck, gluck, gluck – spuck!

Über Kaffee wird viel geklatscht: So sollen Cowboys das Pulver angeblich in ihre Socken gestopft und in einer Kanne über dem Lagerfeuer gekocht haben. Bleibt zu hoffen, dass sie keine Käsefüße hatten! Übrigens haut Sockenkaffee in Costa Rica niemanden aus den Schuhen: Traditionell wird der Trunk dort im Stoffschlauch zubereitet. Aber der ist zum Glück nicht ausgelatscht! Dagegen übergossen die Europäer früher ihren gemahlenen Kaffee direkt mit heißem Wasser. Anschließend hieß es warten, bis der Kaffeesatz zum Boden der Kanne sank – oder mit den Zähnen knirschen! Doch im Jahr 1908 riss der Hausfrau Melitta Benz aus Dresden die Geduld. Kurzerhand pfropfte sie ein Stück Löschpapier in einen durchlöcherten Messingbecher. Fertig war der Kaffeefilter!

16

VOM BIRKENPECH ZUM KAUGUMMI

Kauboys, diese Schrecken der Steinzeit! Unseriösen Quellen zufolge stürzte sich die skrupellose Bande auf Mensch und Mammut und verklebte ihnen mit klumpigem Birkenpech die Kiefer. – Mund auf, Augen zu!

Brrr! In Europa kauten die Höhlenhocker tatsächlich auf teerartigem Klebstoff rum. Bevorzugte Geschmacksrichtung: bittere Birke. In einem abgeschlossenen Gefäß auf über 300 Grad erhitzt, schwelt aus der Baumrinde schwarzes Birkenpech. Sogar zerbrochene Werkzeuge ließen sich mit den zähen Brocken zusammenkleben! Kein Wunder, dass die Menschen in der Antike vom Birkenpech die „Schnauze voll hatten". Lieber mampften die alten Römer und Griechen aromatisches Pistazienharz. Und auch die amerikanische Urbevölkerung ließ Bäume zur Ader. Nach einem alten indianischen Rezept formte der Seefahrer John Curtis im Jahr 1848 kleine Kügelchen aus Fichtenharz und Bienenwachs. Die rollten kurz darauf vom Fließband seiner Kaugummifabrik. Dennoch eroberte die Backentaschen der Amerikaner im Jahr 1870 ein anderer: Thomas Adams' streifenförmiges Lakritzkaugummi „Black Jack" hatte wohl mehr Biss!

17
VOM NACHTTOPF ZUM WC

„Immer die gleiche Leier!", motzt Maid Marian. Nacht für Nacht belagert Robin Hood, diese Rocklegende, mit wildem Lautengewüte das Fenster des keuschen Burgfräuleins. Selbst Pech und Kanonenkugeln können ihn nicht schrecken! Da bleibt nur noch eins: Und – platsch! – entleert sich über dem Helden in Strumpfhosen ein dampfender Nachttopf. – Endlich Ruhe!

Grausames Mittelalter: Ein kurzer Warnruf, und schon kippten die Menschen den Inhalt ihrer Nachttöpfe aus dem Fenster. Kein Wunder, dass die Welt damals im Brackwasser versank. Dabei war das Römische Reich bereits mit Kanälen überzogen gewesen. Die rückschrittlichen Herrschaften des Mittelalters dagegen thronten auf ihren Plumpsklos über stinkenden Kloakebecken. Brrr! Zwar konstruierte der Engländer John Harington im Jahr 1596 ein Wasserklosett. Doch unter seinen Zeitgenossen interessierte sich „kein Arsch" dafür. Erst mit dem Wissen über Bakterien wurden im 18. Jahrhundert die Kanäle ausgebaut. Und mit einem kurzen Griff zur Spülung bereitete im Jahr 1775 das Klosett des Engländers Alexander Cummings dem Gestank ein Ende.

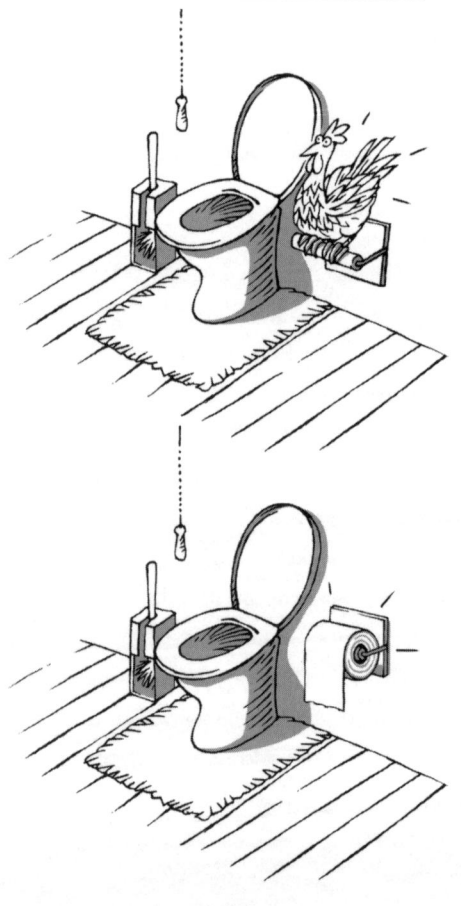

Toilettenpapier ist geduldig. Hühner dagegen sind es nicht. Dennoch zuckelt Old Mac Donald, dieser komische Kauz, stets mit einem gackernden Geflügel unterm Arm aufs Klo. Klar, dass die Hennen wütend auf ihm rumhacken ... aber gut gewischt ist bekanntlich halb gewonnen!

Gerüchten zufolge griffen die Siedler in Amerika beim Klogang wirklich zu lebendigen Wisch-und-Weg-Hühnern. Aber in der Regel waren gerupfte Federn oder Hüllen von Maiskolben in Gebrauch. Was für ein kratziges Vergnügen! Kaum waren die ersten Zeitungen gedruckt, wischte man sich im Westen mit schlechten Nachrichten den Hintern ab. Die chinesischen Kaiser dagegen langten nach kostbaren Lappen ohne Druckerschwärze. In ihren Palästen horteten sie schon seit dem 14. Jahrhundert Klopapier aus Pflanzenfasern und gaben niemandem was ab! Pech für die europäischen Popos: Sie wurden im Mittelalter noch unsanft mit Stroh sauber geschmirgelt. Eingeweichte Tücher waren nur was für „reiche Ärsche". Erst im Jahr 1857 warb ein Amerikaner um die Gunst aller Gesäße: Joseph Cayettys Klopapier war der Knüller!

19

VOM TIPPFEHLER ZUR KORREKTURFLÜSSIGKEIT

Clark Kent, dieser Tollpatsch vom „Daily Planet"! Der Reporter rühmt sich, in seiner zweiten Identität als Superman stärker zu sein als eine Lokomotive und schneller als eine Pistolenkugel. Dabei hat der Angeber doch nicht mal seine eigene Schreibmaschine im Griff. Tak, tak, tak, knallt sie ihm die falschen Buchstaben aufs Blatt. So kämpft der Schmierfink jeden Tag aufs Neue für das Gute in seiner Rechtschreibung ...

Pinseln, pusten, weitertippen! Nicht Clark Kent, sondern die Bankangestellte Bette Graham aus Dallas erfand im Jahr 1951 die Korrekturflüssigkeit. Der Grund waren die neuen elektrischen Schreibmaschinen, diese tackernden Fehlerteufel! Deren Tasten waren leider viel leichtgängiger als die ihrer Vorläufer. Zudem ließen sich die Buchstaben aus Karbon nicht mehr ausradieren. Ein Patzer, und die Arbeit eines Tages landete im Papierkorb. Aber Supersekretärin Bette Graham überpinselte ihre Tippfehler einfach mit weißer Farbe. Kurz angetrocknet, ließ sich ihre Korrekturflüssigkeit „Mistake Out" sogar überschreiben. Seitdem sind fehlerfreie Texte ein Klacks!

20

VOM EISBLOCK ZUM KÜHLSCHRANK

„Brrr, ist das warm!", stöhnt der Schneemann. Selbst schuld: Wäre der bekloppte Dreikugelhoch doch in den Bergen geblieben! Stattdessen tapert er auf triefenden Sohlen durch Ägypten. Direkt ins Unglück: Schließlich erwartet ihn Königin Kleopatra bereits mit trockener Kehle auf einen Drink!

Wettlauf mit der Sonne: Eisklötze wurden in der Antike – zack, zack – aus den Bergen ans Mittelmeer gekarrt. Dort klimperten sie dann zum Beispiel in den Trinkkrügen der Ägypter. Lange Zeit blieben kalte Brocken kostbar. Bis der Schotte William Cullen im Jahr 1756 das erste künstliche Eis herstellte. Der coole Trick: Verdampft Ether durch Unterdruck in einem Gefäß, wird der Umgebung Wärme entzogen, und Wasser gefriert. Seit dem Jahr 1801 klingelte dann wöchentlich der Winter an der Tür: Ein Bote brachte den Kälteschub für den Eisschrank. Die Erfindung des Franzosen Focard Chateau bestand aus einer Kommode mit einem Fach für Eisbrocken. Im Jahr 1876 kombinierte der Münchner Carl von Linde schließlich Chateaus Eisschrank mit Cullens Kältemaschine. Seitdem bibbert der Kühlschrank in jeder Küche!

21

VOM QUECKSILBER ZUM LIPPENSTIFT

„Küss mich, ich bin ein verwunschener Prinz!", quakt der Lurch und spitzt erwartungsvoll die Lippen. Doch bei Kleopatra hat die kleine Kröte kein Glück! Schließlich ist der Kussmund der Königin mit giftigem Quecksilber geschminkt. – Schmatz!

Was für mörderische Schminktricks! Im alten Ägypten färbte Zinnober erst die Lippen rot und dann die Wangen bleich. Denn leider enthält das Mineral giftiges Quecksilber. Die todschicke Kosmetik gelangte über die Kreuzritter sogar bis nach Nordeuropa. Sehr zum Ärger der Kirche: Den Geistlichen passte der farbenfrohe Körperkult überhaupt nicht ins Konzept. Doch im 16. Jahrhundert pfiff Königin Elisabeth I. mit grell geschminkten Lippen auf die säuerliche Kirchenmoral. Damals wurde Lippenrot aus zerstampften Schildläusen unter Adeligen zum teuren Trend. 200 Jahre später pressten Pariser Parfümeure Rizinusöl, Hirschtalg und Bienenwachs zum ersten Lippenstift. Leider war der „Stylo d'amour" aber nicht kussfest. So ersetzte die Amerikanerin Hazel Bishop im Jahr 1949 das Bienenwachs durch Lanolin. – Endlich eine Schminke ohne Nebenwirkungen!

22

VOM STROHSACK ZUR MATRATZE

So eine Wanzenhochburg! Auf einem Stapel verlauster Strohsäcke schaukelt sich eine empörte Prinzessin in den Schlaf. Das Ungeziefer zwickt die edle Dame kräftig in den Rücken. „War bestimmt 'ne Erbse", meint die miese Gastgeberin am nächsten Morgen. – Garstiges Gemüse!

Von wegen Wolke sieben! Im Mittelalter horchten die Menschen an Matratzen aus Stroh, Seegras oder Spreu. Mit guten Ohren konnten sie darin Flöhe und Milben rascheln hören. Brrr! Keimfreie Federkissen türmten sich leider nur in den Betten der Reichen. Wenn überhaupt! Dabei hatten doch schon 3 000 Jahre zuvor die Perser das Problem der „bissigen Bettgenossen" gelöst: und zwar mit Wassersäcken aus Ziegenleder und pechverklebten Nähten. Der Federmacher Guillaume Dujardin verfolgte im 16. Jahrhundert mit einer Luftmatratze aus gewachstem Segeltuch die gleiche Idee. Doch sein Traum war schnell zerplatzt! Zum Glück brachte der Hersteller Bonnell im Jahr 1890 die erste Federkernmatratze auf den Markt! Der simple Trick: Die metallenen Sprungfedern lassen Platz für kleine Luftpolster. Endlich Schluss mit Muff und Moder!

23

VON DER GRÄTE ZUR NÄHMASCHINE

Wie andere Kinder ihre Hosenknöpfe verliert Peter Pan ständig seinen Schatten. „Selbst schuld!", tönt es aus der Menge der Mütter. Aber die sind bloß beleidigt. Der kleine Trotzkopf, der nicht erwachsen werden will, kommt nämlich auf der Insel Nimmerland ganz gut ohne sie klar. Außer er versucht mal wieder seinen Schatten, dieses knittrige Teil, mit einer stumpfen Fischgräte an seinen Socken festzunähen. Nicht gerade geschickt eingefädelt!

Näharbeiten liefen früher nicht wie am Schnürchen: Mit einem spitzen Knochen – Ahle genannt – bohrten die Steinzeitmenschen Löcher in ein Fell. Erst dann führten sie den Faden an einer gespaltenen Gräte durch den Saum. Bis vor 20 000 Jahren die ersten Knochen mit Nadelöhr in Umlauf kamen. Diese Urzeit-Pikser wurden erst im 12. Jahrhundert durch Nadeln aus Messing und Eisen vom Markt verdrängt. Ein geübter Schneider konnte mit ihnen 30 Stiche pro Minute setzen. „Lächerlich!", fand Barthelemy Thimonnier. Als erster Fabrikant konstruierte der Franzose im Jahr 1830 eine Nähmaschine mit Handkurbel. Und die ratterte die Nähte nur so runter.

24

VOM SCHILDKRÖTENPANZER ZUM PAPIER

Mit Schlapphut und Peitsche kämpft sich Indiana Jones durch den Asphaltdschungel von Peking. Keuchend schleppt der Experte für Plunder einen bekritzelten Schildkrötenpanzer aus der Stadtbibliothek. Puh, was für ein uralter Wälzer! Indis Gegenspieler, diese pfiffigen Sowjetagenten, waren natürlich schon früher da und haben ihn auf Papier abgepaust ...

Vor 3000 Jahren hielten Schildkröten tatsächlich als Schreibunterlage her. In ihre Panzer ritzten chinesische Zeremonienmeister wichtige Weissagungen. Zum Glück wurden Wachstafeln bald viel gebräuchlicher. In deren weiche Oberfläche ließen sich mit Griffeln mühelos Schriftzeichen kerben. Auch Schreibblätter waren den Menschen bereits seit 3000 v. Chr. bekannt. Genauer: aus dem Mark der Sumpfpflanze gepresstes Papyrus und aus Tierhäuten getrocknetes Pergament. Was für bröselige Bögen! Doch im Jahr 105 n. Chr. kam der Chinese Tsai-Lun auf den Knüller: Er kochte nach einem alten, fast vergessenen Rezept zerriebene Pflanzenfasern zu einem Brei, schöpfte sie durch ein Sieb und presste sie zu Papier: dem Stoff, aus dem heute Bücher sind!

25

VON DER SCHWEINSBLASE ZUR PLASTIKTÜTE

„Aber Großmutter", ruft Geröllkäppchen. „Warum hast du so große Augen?" So eine dumme Frage! Schließlich baumelt der Kleinen eine mörderisch stinkende Schweinsblase am Arm. Soll wohl ein Beutel sein. Mit einem Satz ist der böse Wolf aus dem Bett und sucht würgend das Weite ...

Was für eine Schweinerei! In der Steinzeit mussten Sau und Eber als Beutel herhalten. Genauer: ihre getrockneten Harnblasen. Zum Glück kamen die Höhlenhocker bald auf eine bessere Idee: Sie rollten einfach ein Stück gegerbtes Leder trichterförmig zusammen, und fertig war die erste Tüte! Oder auch Tute, Deite oder Tuite, wie es im Mittelalter hieß. Denn auch damals war die Spitztüte sehr gefragt. Seit dem 14. Jahrhundert aus Papier gefaltet, durfte sie in keinem muffigen Tante-Emma-Laden fehlen. Im Jahr 1902 gab ihr der Wiener Fabrikant Max Schuschny endlich zwei praktische Henkel und einen festen Standboden. Von dem Schweden William Hamilton in bunt bedrucktes Plastik gekleidet, wurde die Tüte kurze Zeit später zum laufenden Plakat der Kaufhäuser – und landet im Durchschnitt nach 25 Minuten auf dem Müll!

26

VOM KUHFLADEN ZUR BARBIE

„Holla di muuuh!", schallt es über die blauen Berge. Heidi und Peter, diese komischen Hinterwäldler, spielen wohl mal wieder Mama, Papa, Kuhfladen. Auweia! Kaum einem Wiederkäuer aus dem Allerwertesten gekrochen, werden aus den ekligen Stinkern popofrische Puppen. – Da lachen selbst die Kälber!

In der Steinzeit machten sich geköttelte Spielkameraden tatsächlich lieb Kind. Besonders robust waren die getrockneten Kerlchen aber nicht. Genauso wenig wie ihre Zeitgenossen aus Stroh und Brotteig. Vor 40 000 Jahren gelangten dann die ersten Puppen aus Holz und Ton in Kinderhände. Was für ein plumpes Spielzeug! Klein-Kleopatras Kinderstube bevölkerten in der Antike dagegen bereits Stoffpuppen. Ausstaffiert mit hübschen Kleidern, wurden sie im Mittelalter zum bevorzugten Mädchenspielzeug. Dabei verloren die drallen Dinger ständig an Alter: Aus der damenhaften Ankleidepuppe wurde in der Neuzeit das knuddelige Kind vom Kind. Bis auf eine Ausnahme: Im Jahr 1959 brachte die amerikanische Firma Mattel eine gewisse Blondine groß raus. Seitdem erobert Barbie pro Sekunde drei Kinderzimmer!

27
VOM BROT ZUM RADIERGUMMI

„Schieb mal das Brot rüber!", kräht der Fehlerteufel. Er hockt auf einem Matheheft und krickelt mit flinkem Stift in den Rechnungen rum. Am Ende bleiben von fünf Äpfeln, wenn man zwei wegnimmt, sieben Birnen übrig. Und der kleine Schmierfink bekommt, was er will: Schrubb, schrubb, schrubb, radiert ein Kügelchen Teig über das Blatt. – Von wegen ehrlicher Brotverdienst!

Fehlerteufel wurden früher gut gefüttert: Bis zum 18. Jahrhundert rubbelten die Menschen unliebsame Bleistiftstriche nämlich mit weichem Brot weg. Eigentlich gar nicht so dumm: Schließlich haften die grauschwarzen Partikel der Bleistiftmine nur mal gerade so eben an der Oberfläche eines Blattes. Ein kleiner Wisch mit fluffigem Brot macht – fast – alles weg! Der Nachteil: An der Luft trocknet Gebäck schnell zu unbrauchbaren harten Brocken. – Was für eine Verschwendung! Erst im Jahr 1770 entdeckte der Engländer Edward Nairne durch Zufall den Radiergummi. Tief über eine Bleistiftskizze gebeugt, tastete der Mechaniker nach einem Kügelchen Brot und bekam stattdessen Kautschuk zu fassen. – Ein glücklicher Fehlgriff!

28

VON DER MUSCHEL ZUM RASIERER

„Autsch, das ziept!" In Neptuns Dreimilliardentagebart verhaspelt sich ständig irgendwelcher Krempel. So schleppt der Meeresgott schon seit Ewigkeiten das Wrack der Arche Noah, die versunkene Stadt Atlantis und eine Dose Sardellen mit sich herum. Da gibt's nur eins: Der Bart muss ab! Mürrisch schnappt sich Neptun eine spitze Muschel. Und traut sich dann doch nicht ...

Für Rauschebärte hatten die Steinzeitmenschen wenig übrig: Sie kratzten sich tatsächlich mit Muschelschalen und Tonscherben den Flaum vom Kinn. Anschließend wurde auch noch der letzte Stoppel von einem glühenden Holzstäbchen versengt! Lange galt: Wer glatt sein will, muss leiden! So zückten schon die alten Ägypter vor 1 600 Jahren die ersten Rasiermesser. Doch die scharfen Metallklingen waren in den Händen ausgebildeter Barbiere besser aufgehoben. Seit dem Mittelalter boten sie borstigen Männern ihre Dienste an. Bis die blutdürstigen Klingen im Jahr 1847 endlich in einen handlichen Rasierhobel gesperrt wurden. Wenig später erfand der Amerikaner King Gillette die erste Wegwerfklinge. Seitdem läuft die Rasur glatt!

29

VOM GRASGEFLECHT ZUM REGENMANTEL

„So ein Pech!", schimpft eine pitschnasse kleine Hexe. Für sie ist die Walpurgisnacht mal wieder ins Wasser gefallen. Nur ein paar Tropfen Regen, und ihr schicker Grasmantel gleicht einem Komposthaufen. Da kann auch kein Hokuspokus mehr helfen ...

Kein guter Schutz bei einem Wolkenbruch! Schon die Steinzeitmenschen trugen im Regen knielange Umhänge aus Gräsern. Doch die Nässe drang ungehindert durch die Ritzen. Noch bis ins 20. Jahrhundert stapften „bedröppelte Komposthaufen" durch Europa. Dagegen besaßen in der Arktis bereits die Ureinwohner wetterfeste Kleidung. Der Trick: Eine Schicht Fischtran verschloss ihre Lederanoraks vor Wasser. Mit dem gleichen Effekt tunkten die Maya ihre Stoffe in Kautschuk. Aber leider wird der milchige Pflanzensaft bei Wärme klebrig und bei Kälte bröckelig. So brachte der Kautschukmantel dem schottischen Fabrikanten Charles Mackintosh im Jahr 1823 wenig Erfolg. Zwar verarbeitete der Amerikaner Charles Goodyear 15 Jahre später Kautschuk zu zähem Gummi. Doch erst im Jahr 1926 half Johann Kleppers Gummimantel den Europäern endlich aus der Patsche!

30

VOM BALDACHIN ZUM KNIRPS

„Platz da! Hier komm ich ..." König Salomon zuckelt unter einem schaukelnden Baldachin durch Bagdad. Der dicke Macker ist umwölkt von Brokat, und sein Turban stößt bis an die gold bestickte Sonne. Doch beim Barte des Propheten! Plötzlich geraten seine Schirmträger, diese Trampel, ins Stolpern! Und mit einem Mal hängt über Salomon der Himmel schief ...

Prunk und Protz: Im alten Orient waren schirmartige Baldachine allein dem Aufmarsch der Herrscher vorbehalten. In der Antike dagegen ließen sich reiche Griechen auch auf privaten Ausflügen Schirme hinterherschleppen. Und das sogar bei Regen! Doch bis ins späte 17. Jahrhundert diente der Schirm vor allem einem Zweck: die vornehm blasse Haut vor der Sonne zu schützen! In London, diesem Regenloch, wollte man vom wetterfesten Schirm sogar bis ins Jahr 1750 nichts wissen. Dann ging Jonas Hanway als erster Gentleman mit ihm schaulaufen. Seitdem gelten schwarze Regenschirme als Markenzeichen nobler britischer Bürger. Für alle anderen erfand Hans Haupt aus Breslau im Jahr 1928 den ausklappbaren Knirps. Da kann der April machen, was er will!

31

VOM NESTELBAND ZUM REISSVERSCHLUSS

„Einer für alle. Alle für einen!" Zu später Stunde schallt mal wieder der Schlachtruf der drei Musketiere durch Paris. Klar, was das zu bedeuten hat: Porthos liegt mal wieder in seiner Kammer wie ein Käfer auf dem Rücken und kriegt die Strippen seines Waffenrocks nicht auf! Die Krawallbrüder kreuzen die Klingen. Und mit blanken Säbeln stürzen sie sich auf den Knoten. – Attacke!

Verflixt und zugeschnürt! Im Mittelalter hielten die Europäer ihre Kleidung mit sogenannten Nestelbändern aus Stoff oder Leder zusammen. Was für ein verknoteter Look! Dabei waren Knöpfe und Anstecknadeln damals längst bekannt. Aber meist wurden die kostbaren Kinkerlitzchen nur als Schmuck getragen. Erst das Jahr 1851 brachte den Knoten der Kleidungsstücke zum Platzen: Damals erhielt der Amerikaner Elias Howe nämlich das Patent auf den ersten Reißverschluss. Der bestand aus mehreren Schiebern, die zwei Stoffkanten grob umfassten. Ein zugiger Schlitz aber blieb offen! Zum Glück erfand der Schwede Gideon Sundback im Jahr 1913 den Reißverschluss mit ineinandergreifenden Zähnen. Seitdem geht das Umkleiden ruck, zuck.

32

VON DER BÜRSTE ZUM SCHEIBENWISCHER

Was für ein dilettantischer Detektiv! Ein kleiner Wolkenbruch, und schon verliert Sherlock Holmes den Durchblick. Der Grund: Sein Bentley, diese alte Schrottkiste, hat keinen Scheibenwischer! Kombiniere, kombiniere, schiebt Sherlock seinen Beifahrer zum Fenster raus: „Soll Watson doch wischen!"

Freie Fahrt! Die ersten motorisierten Knatterkisten aus dem 19. Jahrhundert besaßen weder Scheibenwischer noch Scheiben. Wozu auch? Schließlich brachten es die Blechkarren eh nur auf schlappe 18 Stundenkilometer. Doch bereits im Jahr 1902 bot sich in New York ein anderes Bild: Im strömenden Regen klebten die Autofahrer hinter ihren Frontscheiben und bemühten sich, bei Tempo 60 die Spur zu halten. Was half da schon eine Bürste im Handschuhfach?! Das dachte sich wohl auch Mary Anderson. Denn kaum war sie ein Jahr später von ihrer New-York-Reise zurück in Alabama, erfand die Rancherin den Scheibenwischer! Der musste aber noch mit einem Hebel neben dem Lenkrad in Gang gehalten werden. Bis im Jahr 1917 der Zahnarzt Ormand Wall aus Hawaii den ersten automatischen Wischer konstruierte. Zum Quietschen!

33

VOM LUMPEN ZUM SCHNULLER

Klein-Obelix, dieser Schrecken der Kinderstuben! Der Wicht schmeißt mit Hinkelsteinen um sich wie andere Kinder mit Bauklötzchen. Und wehe, seine Mutter schickt ihn abends ins Bett! Dann kräht der Schreihals so lange, bis die Gallier sein Nuckeltuch in Zaubertrank tunken. Später heißt es dann, der Kraftprotz sei in Miraculix' Kessel gefallen. – Von wegen!

Auweia! Schreienden Babys wurde im alten Europa wirklich mit einem Lumpen „das Maul gestopft". Nicht selten tränkten übernächtigte Mütter die Nuckeltücher sogar in Alkohol. Für einen kleinen Zappelphilipp die puren K.o.-Tropfen! Gut gemeint und trotzdem schlecht waren auch die Saugtöpfchen der alten Ägypter: Gefüllt mit dem Rauschmittel Opium, schickten sie Pharao-Junior ins Traumparadies. Und weit darüber hinaus! Im 17. Jahrhundert blieb Kindern vermutlich vor Schreck die Stimme weg: Auf ihren Kissen lagen Nuckel aus Wolfszähnen! Zum Glück erfanden die beiden deutschen Ärzte Wilhelm Baltes und Adolf Müller im Jahr 1949 den ersten kiefergerechten Nuckel aus Gummi. Kurz NUK genannt, bereitete der Schnuller dem Grusel ein Ende!

34

VOM PUDER ZUR SEIFE

„Wasser tut weh!", stänkert König Ludwig XIV. Wenn überhaupt, lässt der schlampige Monarch nur Parfüm und Puder an seine Haut. Er haust außerhalb von Paris in einem ganz üblen Schuppen mit 1300 Zimmern und bloß einem einzigen Bad. – Besser, man steckt die Nase nicht in Ludwigs schmutzige Angelegenheiten!

Angeblich hat König Ludwig XIV. in seinem Leben nur zwei Mal gebadet! Im 17. Jahrhundert glaubten die Menschen nämlich, Wasser sei Gift. Die Pest sollte darin schlummern und ihren Opfern beim Waschen – schwups – in die Poren schlüpfen. Als ob! In Wahrheit war das wasserscheue Europa doch ein Paradies für Parasiten. Schließlich umwölkten die Stinkreichen ihre ungewaschenen Körper nur mit Parfüm und Puder. Dabei war die Seife damals bereits seit über 3000 Jahren bekannt! Schon die Sumerer hatten sie aus Tierfett und Pflanzenasche gewonnen. Aber erst im 19. Jahrhundert bereitete ihr Louis Pasteur ein schäumendes Comeback: Der Biologe erkannte, dass Krankheiten von Bakterien übertragen werden. Seitdem erteilt die Seife den Winzlingen eine Abreibung, die sich gewaschen hat!

35

VON DER KERNSEIFE ZUM SHAMPOO

„Rapunzel ...", ruft da schon wieder einmal ein Prinz. Weiter kommt er nicht: Sogleich wird das Fenster aufgerissen, und das muntre Burgfräulein klatscht ihm ihre fettigen Schmalzlocken vor die Füße. Igitt! Ist wohl noch nicht bis zu der Stubenhockerin durchgedrungen, dass Kernseife kein Haarwaschmittel ist! Der Prinz greift die Gelegenheit beim Zopf: schnipp, schnapp!

Wundermittel Kernseife? Von wegen! Lauge bringt zwar schmutzige Böden zum Glänzen, nicht aber schmierige Locken. Der Grund: Aus Kernseife lösen sich im Wasser Salze, die das Haar stumpf aussehen lassen. Im 20. Jahrhundert schäumten sich die hohlköpfigen Europäer trotzdem mit Lauge ein. Dann noch ein Spritzer Benzin, und fertig war ihr juckender Look! In Asien dagegen griffen die Menschen schon früh zu pflegenden Kräutertinkturen. So bedeutet das Hindi-Wort „Shampoo" ursprünglich auch „einkneten". Lange gab es in Europa jedoch keine Waschlotion, die dieser Mühe wert gewesen wäre! Bis der Berliner Hans Schwarzkopf im Jahr 1933 das erste laugefreie Shampoo auf den Markt brachte: Was für eine glänzende Erfindung!

36

Graf Dracula, dieser Schrecken des guten Geschmacks! Der spindelige Grufti mit den spitzen Zähnen und knallroten Lippen kann wirklich froh sein, kein Spiegelbild zu werfen. Steckt der finstere Flattermann seine Klamotten doch zu allem Übel auch noch mit Knochen zusammen. Na dann, gute Nacht!

Scharfes Outfit! Die Steinzeitmenschen befestigten ihre ledrige Kluft tatsächlich mit angespitzten Gebeinen. Eine falsche Bewegung, und die Knochen bohrten sich ihnen ins eigene Fleisch! Zum Glück gelang es den alten Römern, die Nadel zu entschärfen: Sie befestigten ihre Tuniken mit einer sogenannten Fibel, deren spitzer Kopf in einen Bügel geklemmt wurde. Aber auch dieser kleine Pikser besaß seine Tücken. Wohl deshalb wurde die Fibel im 14. Jahrhundert vom Knopf abgelöst. An Klamotten tauchten Nadeln lange Zeit nur noch in Form schmucker Broschen auf. Doch dann bog der Amerikaner Walter Hunt im Jahr 1849 der Nadel Manieren bei: Seine Sicherheitsnadel bestand aus einem einzigen Stück Draht, dessen Spitze durch die Spannung einer Feder in einem Bügel festgeklemmt wurde. Ein cleverer Kniff!

37

VOM SMARAGD ZUR SONNENBRILLE

So ein blindes Gemetzel! Den Gladiatoren in der römischen Arena kneift mal wieder die Sonne in die Augen. „Ich sehe was, was ihr nicht seht, und das ist grün", ruft Kaiser Nero hämisch aus den Rängen. Kein Wunder: Linst der Angeber doch durch einen geschliffenen Smaragd hindurch! Ein hochkarätiger Sonnenschutz? – Wohl kaum!

Kaiser Nero konnte sich an Smaragden nicht sattsehen. Und damit war er nicht allein: So stammt von den leuchtenden Beryllsteinen sogar das Wort „Brille" ab. Dabei wirkt der Klunker genau genommen weder wie eine Linse noch wie ein Lichtschutz. Die Wissenschaftler der Neuzeit dagegen ließen sich noch bis ins 19. Jahrhundert von nutzlosen Sonnenbrillen aus buntem Glas blenden. Erst dann entdeckte der Franzose Marie Theodore Fieuzal die schädliche Wirkung der UV-Strahlung. Vor dieser unsichtbaren Gefahr kann die Augen weder gelbes oder grünes noch braunes Glas schützen. Doch zum Glück entwickelte der deutsche Optiker Josef Rodenstock im Jahr 1905 einen wirksamen UV-Filter. Damit ausgestattet, erhob sich kurz darauf die Fliegerbrille „Ray Ban" zum Kultobjekt.

38

VON DER BRONZEPLATTE ZUM SPIEGEL

„Menschlein, Menschlein vor der Wand!", lispelt die verbeulte Bronzeplatte. „Bin ich der schönste Spiegel im ganzen Land?" Wohl kaum! Kritisch beäugt Schneewittchen ihre verzerrte Fratze: Blumenkohlohren, Doppelkinn, Hakennase ... Selbst die sieben Zwerge sehen besser aus!

Was für ein komisches Spiegelbild! Vor 5 000 Jahren bestaunten sich die Sumerer in blitzblank polierten Bronzeplatten. Doch leider schnitten die Dinger gräuliche Grimassen! Der Grund: Bronze ist nicht ebenmäßig genug, um alle Lichtstrahlen zu bündeln. In der Antike dagegen hatten die Römer schon mehr Durchblick. Sie bezogen Halbkugeln aus Glas mit einer dünnen Schicht Metall: die ersten spiegelglatten Oberflächen! Doch der Blick in die gewölbten Spiegel blieb wenig schmeichelhaft. Bis im Mittelalter die Glasbläser ihre Backen blähten: Mit viel Puste brachten sie zylinderförmige Klumpen hervor, die sie in flache Scheiben schnitten und mit Zinn beschichteten. Im Jahr 1835 gab der deutsche Chemiker Justus von Liebig dem Spiegel noch einen letzten silbrigen Schliff. – Und seitdem ist Schluss mit Trugbildern!

39

Krmpf, krmpf, krmpf, rieseln die Keksbrösel zu Boden. Kiloweise verschwinden Katzenzungen, Zimtschnecken und Hundekräcker zwischen Krümelmonsters Kauleisten. Doch das dicke Ende naht: Denn Krümis Mutter kramt schon nach dem Teppichklopfer. Fragt sich nur, für wen die ordentliche Tracht Prügel bestimmt ist – für den Teppich oder das blaue Fellknäuel …

Mit Teppichklopfern in den Kampf gegen Schmutz? Bloß nicht! Denn leider sauste das Rattangeflecht früher auch auf kleine Krümelmonster herab. Ein Glück, dass im Jahr 1876 der Staubsauger erfunden wurde! Damals setzte der Amerikaner Melville Bissel eine handbetriebene Luftpumpe auf vier Räder. Doch statt zu saugen, wirbelte das Ungetüm eine Menge Staub auf. Abhilfe schuf erst 25 Jahre später der Brite Herbert Booth: Der 240 Meter lange Schlauch seines Elektrosaugers schlürfte den Staub mithilfe von Unterdruck in einen lärmenden Müllwagen. Fast zeitgleich griff ein Amerikaner zu Ventilator, Seifenschachtel und Kissenbezug: James Spanglers erster tragbarer Staubsauger bereitete dem Ordnungswahn der Erfinder ein sauberes Ende!

40

VOM FEUERSTEIN ZUM STREICHHOLZ

„Yabba Dabba Doo!" Fred Feuerstein fackelt im Fernsehen ständig dieselben Scherze ab. Zum Glück fällt das seinen Fans, diesen Einzellern, gar nicht auf. Gespannt verfolgen sie, wie der Höhlenhocker mit Steinen einmal Feuer macht, um damit dann wieder Feuer zu machen, um damit Feuer zu machen … ein Dauerbrenner!

Brennende Holzscheite wanderten früher von Hand zu Hand. War die Glut erloschen, mussten sich die Höhlenhocker ganz schön abrackern! Mit einem Feuerstein klopften sie Funken aus Eisenerz. Fielen sie auf getrocknete Pflanzen, züngelten bald die Flammen. Die handwerklich begabten Menschen der Eisenzeit ersetzten das Erz durch geschmiedete Stahlbügel. Und damit war der Feuereifer der europäischen Erfinder für lange Zeit erloschen. In Asien dagegen kamen bereits im Jahr 950 n. Chr. Schwefelhölzer in Umlauf. Leider verkohlten die Hitzköpfe schon bei der kleinsten Berührung. Zum Glück hatte im Jahr 1848 ein Schwede die zündende Idee: Johan Lundström tauschte die Schwefelhauben der asiatischen Hölzchen gegen schwer entzündlichen roten Phosphor. Und damit war die Sache „gerrritscht"!

41

VON DER BINDE ZUR STRUMPFHOSE

Durch das Tal der Könige torkelt mal wieder eine motzige Mumie: „Ich kann nicht schlafen!", ruft Tutanchamun. Kein Wunder bei den kratzigen Wadenwickeln! Doch da hilft kein Winden und Wenden: Die Archäologen schicken ihren ägyptischen Sandkastenfreund – zack, zack – zurück in seinen Sarkophag.

Kaum zu glauben: Bis ins 9. Jahrhundert trugen die Germanen sogar zu Lebzeiten wollene Wadenwickel. Was für ein kratziger Kälteschutz! Dagegen schlüpften die Menschen im Mittelmeerraum damals bereits in selbst gestrickte Socken. Im Mittelalter verschwanden die groben Dinger unter den knöchellangen Kleidern der keuschen Burgfräulein. Dafür blitzten aber unter den Röckchen der Ritter zusammengenähte Beinlinge hervor. Die Miniröcke der Männer waren im 15. Jahrhundert so kurz, dass aus der Not heraus die Strumpfhosen erfunden wurden. Die Frauen dagegen stellen erst im 18. Jahrhundert ihre Beine in Seidenstrümpfen zur Schau. Ein sündhaft teurer Hauch von Nichts! Im Jahr 1938 entwickelte der Amerikaner Wallace Carothers den preisgünstigen Nylonstrumpf. Seitdem herrscht allgemeine Beinfreiheit!

42

VOM KERBHOLZ ZUM TASCHENRECHNER

Lügen haben kurze Beine und eine lange, hölzerne Nase. Pinocchio wäre deshalb vermutlich schon längst vornübergekippt. Doch zum Glück stutzt ihm sein Onkel Geppetto nach jeder Flunkerei den Zinken. Allerdings nicht, ohne dem Spitzbuben ein kleines Andenken auf den Riechkolben zu ritzen. – Pinocchio prahlt, es seien mittlerweile schon über 4000 Kerben! – Wer's glaubt!

Schon die Höhlenhocker hatten einiges auf dem Kerbholz: Sie ritzten kleine Rillen in Äste, um zum Beispiel die Höhe einer Schuld festzuhalten. Noch bis ins 18. Jahrhundert dienten Kerbhölzer unseren vergesslichen Vorfahren als Gedankenstützen. In der Antike ratterten die Menschen ihre Rechnungen auch am Abakus runter: einem Holzrahmen, in dem Kugeln in Einer-, Zehner- und Hunderterschritten an Stangen verschoben wurden. Faulenzer legten dagegen Einmaleins-Tabellen an: Auf Stäbchen übertragen, fanden sich die „Spickzettel" seit dem 17. Jahrhundert in Rechenschiebern wieder. Zum Glück erfand der Amerikaner Jack Kilby im Jahr 1967 den elektronischen Taschenrechner. So können die Köpfe auch mal abschalten!

Wehe, einem alten Römer kribbelte der Riechkolben: Hatschi!, schnäuzte er sich in die Finger und wischte sie anschließend an seiner Tunika ab. – Beim Jupiter, was für eine Bakterienschleuder!

Ganz Rom lief die Nase. Dabei trugen die Menschen damals schon kleine Stofffetzen bei sich. Die wurden gezückt, um Freunden zu winken oder Fliegen eins überzuwischen. Was für eine Verschwendung! Das unnütze Getue um das Gewebe ging noch weiter: Im Mittelalter galoppierten rotznasige Ritter mit den Tüchern ihrer Geliebten in den Krieg. Und im 15. Jahrhundert ließen Damen gern mit bestickten Tüchern ihren Reichtum raushängen. Doch ob gut betucht oder nicht: Bis zum 16. Jahrhundert schnäuzten die Menschen noch in ihre Finger. Das änderte sich erst, als die Europäer damit begannen, in rauen Mengen Tabak zu schnupfen: Endlich fand das Tuch zur Nase! Mit zunehmendem Wissen über Bakterien wuchs aber auch das Misstrauen gegenüber der Rotzfahne. So brachte die Göppinger Papierfabrik im Jahr 1894 die ersten Wegwerf-Taschentücher aus Zellulose auf den Markt: Seitdem heißt das Tuch nur noch Tempo!

44

VOM RAUCHZEICHEN ZUM TELEFON

Wozu Worte verschwenden? In dringenden Fällen hockten sich die Indianer Nordamerikas um ein Feuer und wedelten mit einer Decke kleine Rauchwolken in den Himmel. Drei Wolken: „Feind in Sicht!" Vier Wolken: „Doch nicht ..."

Auch in Europa wurde Atem gespart: Die alten Römer errichteten entlang des Limes eine 4 500 Kilometer lange Reihe räuchernder Signaltürme. Das größte Problem: Es ließen sich nur zuvor festgelegte Signale abfeuern. Erst durch die griechische Erfindung des Fackel-ABC konnten im Jahr 450 v. Chr. Worte in Lichtsignale übersetzt werden. Die Flammen wurden aber häufig vom Winde verweht. Daher erfand der Franzose Claude Chappe im Jahr 1791 den ersten Telegrafen: ein hohes Holzgerüst mit Schwenkarmen. Doch im Jahr 1837 spielte plötzlich niemand mehr stille Post: Dank einer Erfindung des Amerikaners Samuel Morse ließ sich ein elektrischer Code im Eiltempo durch drahtgebundene Leitungen schicken. Wenn nötig, bis ans andere Ende der Welt! 40 Jahre später gelang es dem Schotten Graham Bell, auch Schallwellen in elektrische Signale umzuwandeln. Seitdem schrillt das Telefon!

45

VOM FEUER ZUM TOASTER

In Kummerland sitzt mal wieder ein geschwätziger Kreis Drachendamen beim Fünfuhrtee. „Lassst esss euch ssschmecken", faucht Frau Mahlzahn. Und würgend wuchten die Ungeheuer schwarz verkohlten Toast in ihren Wanst. Von wegen leckere Appetithäppchen! Doch was lässt sich von einer feuerspuckenden Köchin schon erwarten ...

Kaum zu glauben: Die Steinzeitmenschen übergaben ihr Brot freiwillig den Flammen. Über dem Feuer geröstet, blieb Gebäck nämlich länger haltbar. Doch es hieß aufpassen: Denn Teig fängt schon nach kurzer Zeit an zu kokeln. In Amerika entwickelten die Siedler deshalb einen Trick: Sie klebten ihre Brotscheiben an die heiße Wand eines Kohleofens, und in null Komma nix waren sie knusprig. Im Jahr 1908 brachte ihr Landsmann Frank Shailor einen erfolgreichen Elektrotoaster auf den Markt. In einem riesigen Korb wurde das Brot von Heizdrähten gebräunt. Wenn auch nur von einer Seite! Erst elf Jahre später erhielt Charles Strite aus Minnesota das Patent für einen automatischen Pop-up-Toaster. Und der schützt nicht nur den Toast, sondern auch die Finger vor dem Verkohlen!

46

VOM SCHÄDEL ZUM TRINKGLAS

Wickie, dieses Weichei unter starken Männern! Kaum macht ihr neunmalkluges Maskottchen nachts die Augen zu, kippen sich Papa Halvar, Snorre und Gorm genüsslich Hochprozentiges in die Hohlschädel. – Nur leider nicht in ihre eigenen! Diese blutdürstigen Barbaren sammeln Totenköpfe wie andere Leute Porzellan. „Prost! Und auf ex ..."

Was für ein grausiges Gelage! Die Wikinger stießen auf einen erfolgreichen Raubzug tatsächlich mit den Totenschädeln ihrer Feinde an! Wohl bekomm's! Schlimmer noch ging es in der Steinzeit zu: Damals machten die Höhlenhocker sogar Hatz auf Menschenfleisch. Gut gereinigt, wurden die Schädel der Opfer später zu Trinkschalen geschliffen. Gefäße waren schließlich rar. Recht wahllos süppelten die Menschen daher auch aus Straußeneiern, Flaschenkürbissen, Büffelhörnern und Elefantenzähnen. Brrr! Zum Glück kamen vor etwa 12 000 Jahren die ersten Holzbecher in Umlauf, gefolgt von Tonkrügen und Kupferkannen. Sogar aus geschmolzenem Sand, Kalk und Salpeter hergestellte Gläser sind schon seit 3 500 Jahren bekannt: Und daraus trinkt es sich ganz ohne üblen Beigeschmack!

47
VOM ZIEGEL ZUR WÄRMFLASCHE

Kam der Igel zu der Katze: „Mach mal Platz auf der Matratze!" – „Neben Igeln schlaf ich nicht, sind mir viel zu stachelig!" So beißt und kratzt sich das zänkische Biest durch die Strophen! Und das Ende vom Lied: Kam der Ziegel zu der Katze, wärmte ihr ganz lieb die Tatze, fiel ins Bett, sodass es kracht, und schon hat sie Platz gemacht!

Kuschelige Ziegel? Von wegen! Steine haben bekanntlich so ihre Ecken und Kanten. In Zeiten unbeheizter Schlafkammern gingen ofenwarme Ziegel dennoch durch alle Betten. An den Brocken rieben die Mittelalterfreaks ihre kalten Zehen. Nur um sie im 16. Jahrhundert mit einem kräftigen Tritt wieder von der Matratze zu befördern. Damals kamen nämlich mit heißem Wasser befüllte Steingutflaschen in Mode. Aber leider waren diese Betthupferl nicht bruchsicher. Auf den Laken der Reichen machten sich deshalb Zinnflaschen und Kohlepfannen breit. Zum Glück hieß es im Jahr 1871 für all diese merkwürdigen Gerätschaften: zurück in die Küche! Die Firma Continental brachte die erste Wärmflasche aus weichem Kautschuk auf den Markt. Seitdem gluckst das Gummi!

48

VOM WASCHKESSEL ZUR WASCHMASCHINE

Im Hausfrauenhimmel legt Frau Holle trotzig die Beine hoch: „Wir Wolkenkuckucksheimer würden weiße Wäsche waschen, wenn wir wüssten, wo warmes Wasser wär'!" So eine faule Ausrede: Warum setzt die Alte nicht einfach den Kessel aufs Feuer? Aber nein, lieber klopft die Dreckschleuder ihre speckigen Laken über den Köpfen der Menschen aus. – Hurra, hurra, es schneit!

Wasser marsch? Von wegen! In Deutschland besaßen bis Anfang des 20. Jahrhunderts nur wenige Glückliche einen Wasseranschluss. Die meisten Familien legten einmal pro Monat einen Waschtag ein: Dann wurde die Schmutzwäsche im Kessel gekocht, durchgewalkt und übers Rubbelbrett gezogen. Im Jahr 1767 schwappte jedoch bereits eine kleine Welle des Fortschritts in die Waschküchen: Damals baute der Bayer Jacob Schäffner das erste Waschbrett mit Kurbel. Anschließend schäumte der Erfindergeist der Amerikaner über: Im Jahr 1858 kam Hamilton Smith auf den Dreh einer Waschtrommel. Die schmiss Alva Fisher im Jahr 1910 elektrisch in Gang. Und wenig später erfand John Chamberlain den Waschautomaten. Seitdem gibt's weiße Wäsche auf Knopfdruck!

49

VOM URIN ZUM WASCHMITTEL

WASCHSALON

Was für ein langweiliger Streifen! Donaldus Duck flimmert und flattert als römischer Tuchwalker über die Leinwand. Wie zu erwarten, steckt der ewige Pechvogel mit beiden Watscheln in der Patsche. Genauer: im pipiwarmen Brackwasser. Er soll darin wohl Onkel Cäsars Wäsche einweichen! Klar, was jetzt kommt: ein kurzes Stolpern und – platsch! – Köpfchen unter Wasser, Schwänzchen in die Höh'!

Igitt! Die alten Römer reinigten ihre Klamotten tatsächlich in gegorenem Urin. Die Drecksarbeit übernahmen die Tuchwalker. Mit nackten Füßen weichten sie die Wäsche in stinkiger Kloake ein. Der Grund: Ammoniakhaltiges Brackwasser merzt Fettflecken aus. Im 18. Jahrhundert griffen die Menschen lieber zur Seife. Doch der salzige Schaum macht Stoffe nicht nur sauber, sondern auch steif und grau. Hartnäckiger Schmutz bedurfte zudem noch einer Abreibung am Waschbrett. Von wegen Feinwäsche! Zum Glück wurde im Jahr 1907 das erste Vollwaschmittel erfunden: Damals mischte der hessische Fabrikant Fritz Henkel das Bleichmittel Perborat und den Schmutzlöser Silikat zu einem Pulver. – Persil statt Pipi!

50

VOM HAHN ZUM WECKER

„Wollen doch mal sehen, wer hier der Stärkere ist", krakeelt Kokolorix. Der gallische Gockel steht auf dem Mist und bildet sich ein, er könnte die Sonne wecken. „Kikeriki!" Und das kurz nach Mitternacht! Asterix und Obelix hocken im Dunkeln und reiben sich die Augen: Ob ihnen der Himmel nun doch auf den Kopf gefallen ist?!

Gefiederte Frühaufsteher: Schon seit 13 000 Jahren schrecken Gockel bei Sonnenaufgang die Menschen aus dem Schlaf. Doch in der Antike bekamen die Schreihälse Konkurrenz: Damals erfand der Grieche Platon den ersten Wecker. Der Trick: Tröpfchenweise füllte sich eine Schale mit Wasser, bis ihr Inhalt Stunden später in ein Auffangbecken kippte und mit einem schrillen Pfiff die Luft daraus verdrängte! Und auch im Mittelalter begann der Tag Knall auf Fall: nämlich durch metallbestückte Kerzen, die ihre Last beim Abbrennen zu Boden krachen ließen. Gleichzeitig schlugen in Klöstern bereits Zahnräder im Stundentakt eine Glocke. Daraus entwickelte der Franzose Antoine Redier im Jahr 1847 das erste Uhrwerk mit einstellbarer Weckzeit. Eine tickende Rasselkiste!

51

VOM STROH ZUR WINDEL

Wir schreiben das Jahr 50 v. Chr. Ganz Gallien schläft ... Ganz Gallien? Von wegen! Klein-Pepe hockt in einer piksenden Windel aus Stroh und plärrt sich in Rage. Pech für Ersatzpapa Asterix! Es ist wohl mal wieder an der Zeit, den Hosenstall auszumisten ...

Was für ein piksendes Wickelpaket! Bis zur Erfindung der elektrischen Spinnmaschine im Jahr 1764 waren bei ärmeren Familien selbst grobe Tücher knapp bemessen. So stopften patente Mütter ihren kleinen Bettnässern nicht selten saugfähiges Stroh ins Höschen. Au Backe!

In der Neuzeit dagegen umhüllten gleich drei Tücher die tropfenden Babypopos. Der Trick: Die mittlere Lage wurde in Öl oder Harz getränkt und war somit weniger wasserdurchlässig. Leider ging das große Geschäft dennoch häufig in die Hose. Bis die Hausfrau Marion Donovan im Jahr 1949 genug vom Windelwaschen hatte: Kurzerhand nähte sie aus einem Duschvorhang die erste Strampelhose aus Plastik mit Papiereinlage und Druckknöpfen an der Seite. Die Amerikanerin taufte ihre Erfindung „Bootsmann" – wohl weil die Einwegwindel Babys sicher „über Wasser" hält.

52

VOM MÄUSEMIST ZUR ZAHNPASTA

Igitt! Cäsars Vorkoster bleibt die Spucke weg. Der arme Gaius Maggifix hat mal wieder mit einem mörderischen Gaumenkitzel zu kämpfen: geköttelten Zahnpflegekaugummis. Schon der Gestank haut Maggifix aus den Sandalen. – „Piep, piep, piep, guten Appetit!", rufen die Mäuse hämisch aus der Küche.

Für die alten Römer war die eigene Mundhöhle ein unbekanntes Terrain. Sie dachten, ein Zahnwurm treibe zwischen ihren Kauleisten sein böses Werk. Au Backe! Mit verbrannten Mausekötteln, pulverisierten Regenwürmern und geraspeltem Glas wollten sie ihm eine Abreibung erteilen. Als ob sich Karies so einfach wegekeln ließe! Von einem frischen Atem mal ganz zu schweigen. Erst im 20. Jahrhundert fanden die Menschen heraus, welcher Zahnfresser sie wirklich zwackt: nämlich Zucker. Von dieser Erkenntnis war es zu der Erfindung der Zahnpasta dann nur noch ein kleiner Schritt. Der deutsche Apotheker Ottomar von Mayenburg brachte im Jahr 1907 die minzgrüne Zahncreme Chlorodont in die Tube. Sie bestand aus Kreidepulver, Mundwasser und ätherischen Ölen. – Endlich Schluss mit Kötteln und Karies!

Lena Ullrich ist Redakteurin und ehemalige Mitherausgeberin des Kunstmagazins DARE. Die Hamburgerin schreibt außerdem regelmäßig Buchrezensionen für GEOlino Online. Im Bereich Kindersachbuch trat die studierte Journalistin als Mitautorin des Museumsführers Abenteuer mit Marie und Max auf. Im Verlag Friedrich Oetinger erschien von ihr 2011 das Buch Tausend Tode.

Reinhard Blumenschein studierte Kommunikationsdesign in Augsburg und arbeitet seit 1992 als selbstständiger Illustrator in München. Seine Arbeiten erscheinen in Zeitschriften und Büchern; außerdem ist er für Webauftritte und Unternehmen tätig.